欧 洲 花 艺 名 师 的 创 意 奇 思

生活四季花艺之春

【比利时】《创意花艺》编辑部 编　周洁 译

中国林业出版社
China Forestry Publishing House

欧洲花艺名师的创意奇思
生活四季花艺之春

图书在版编目（CIP）数据

欧洲花艺名师的创意奇思．生活四季花艺之春 / 比利时《创意花艺》编辑部编；周洁译．-- 北京：中国林业出版社，2020.10

书名原文：Fleur Creatif @home Special Spring 2015-2016

ISBN 978-7-5219-0771-1

Ⅰ．①欧… Ⅱ．①比… ②周… Ⅲ．①花卉装饰 – 装饰美术 Ⅳ．① J535.12

中国版本图书馆 CIP 数据核字 (2020) 第 166171 号

著作权合同登记号　　图字：01-2020-3151

责任编辑：	印 芳　王 全
电　　话：	010-83143632
出版发行：	中国林业出版社
	（100009 北京市西城区德内大街刘海胡同 7 号）
印　　刷：	北京雅昌艺术印刷有限公司
版　　次：	2020 年 10 月第 1 版
印　　次：	2020 年 10 月第 1 次印刷
开　　本：	787mm×1092mm 1/16
印　　张：	12.5
字　　数：	260 千字
定　　价：	88.00 元

目录

夏洛特·巴塞洛姆
Charlotte Bartholomé

- 010 围裹在桑皮纤维中的粉红色复活节暖巢
- 012 柔和的春月与复活节彩树
- 014 点缀着蓝色高光的石膏艺术品
- 016 节日嘉宾
- 018 移动的鲜花壁挂
- 020 刺绣花束
- 022 春日圈圈
- 024 手工制作的鲜花挂画
- 026 清新柔和的色调
- 028 毛毡网中的万带兰
- 030 欢迎来到复活节聚会
- 032 鸟巢
- 034 高悬的花瓶
- 035 春日图画
- 036 号角
- 038 花丛中的情人节
- 040 春风拂绿枝
- 042 最美佳境花园
- 044 褪色柳环绕的花盒
- 046 色彩斑斓的春日露台
- 048 嬉水花丛中
- 050 空中漂浮的花毛茛

斯汀·西玛耶斯
Stijn Simaeys

- 052 紫蓝色的复活节彩蛋
- 054 葡萄风信子花篮
- 056 皇冠贝母与原木花瓶
- 058 小棒棒 & 酸橙子
- 060 纯洁、纤巧的雪片莲
- 062 古灵精怪的郁金香
- 064 色彩斑斓的餐前酒
- 066 晶莹剔透

- 068 漂浮的洋葱
- 070 平衡均和
- 072 开放式花窗
- 073 繁花满溢的郁金香
- 074 浪花般舞动的风铃草
- 076 聚光灯下的耧斗菜

fleurcreatif | 005

目录

安尼克·梅尔藤斯
Annick Mertens

- 080 套着羊毛夹克的玫瑰花
- 082 令人耳目一新的阳台
- 084 花毛茛的茧巢
- 086 东方风情
- 088 春日聚会
- 090 郁金香爱巢
- 092 填满鸡蛋的笼舍……
- 094 与复活节小兔子的欢快聚会
- 096 蛋形堡垒
- 098 优雅的西澳蜡花
- 100 愉快的复活节拜访
- 102 门上有彩蛋
- 104 温馨感人的瞬间
- 106 神采奕奕的块茎木雕
- 107 甜蜜的花篮
- 108 树枝魔法

- 110 棵棵排列的桃金娘……
- 112 春季花环
- 114 灿烂的春天
- 116 拥抱郁金香
- 117 静物画
- 118 缤纷色彩
- 120 自制创意花钵
- 122 花朵绽放静物画
- 124 非凡出众的鲜花暖巢
- 126 藤条架构

- 128 创意鹌鹑蛋花篮
- 130 剑麻花篮
- 131 高高耸立的黄水仙

汤姆·德·豪威尔
Tom De Houwer

132 冲破桦树皮的蓝色葡萄风信子
134 芳香怡人的小苍兰
136 色彩和谐的橱柜装饰
138 华丽壮观的花束
140 优美的花毛茛环绕中的品质春巢
142 破碎的彩蛋

144 如花般的春日画卷
146 鲜花台架
148 漂浮的蛋
150 有机植物垫
151 用花毛茛装饰的菌菇花瓶
152 裹在羊毛外套里的春光
154 奇特的鸟巢
156 迎春
158 花丛中享用餐前酒
160 白色桑巢中的黄色春天
162 装饰用鲜花手袋
164 彩蛋树
166 复活节花环

菲利浦·巴斯
Philippe Bas

170 春风暖入心田
172 透明的彩蛋
174 鲜花爱巢
176 深深浅浅的粉色
178 色彩斑斓的标识
180 花柄

乔里斯·德·凯格尔
Joris de Kegel

182 春色满园
184 花毛茛的爱巢
186 自制桌花
188 月宫珍藏
190 馨兰满树
192 棕榈叶上
194 秀色可餐
196 迷你花园
198 在风中

P.010

夏洛特·巴塞洛姆
Charlotte Bartholomé

charlottebartholome@hotmail.com

夏洛特·巴塞洛姆（Charlotte Bartholomé），曾在根特的绿色学院学习了一年，与多位知名老师一起学习，如：莫尼克·范登·贝尔赫（Moniek Vanden Berghe），盖特·帕蒂（Geert Pattyn），丽塔·范·甘斯贝克（Rita Van Gansbeke）和托马斯·布鲁因（Tomas De Bruyne）。

之后参加了若干比赛，如：比利时国际花艺展（Fleuramour）。曾在比利时锦标赛上获得第四名，之后与同事苏伦·范·莱尔（Sören Van Laer）一起在欧洲花艺技能比赛（Euroskills）中获得金牌。5年前，她在家里开了店。几年来，夏洛特一直是 Fleur Creatif 的签约花艺师。

P.052

斯汀·西玛耶斯
Stijn Simaeys

stijn.simaeys@skynet.be

比利时花艺大师，曾在世界各地进行花艺表演和做培训。在比利时国际花展中，参与了"庭院"和"教堂"项目的设计。曾参加过比利时根特国际花卉博览会、比利时"冬季时光"主题花展等，并多次获奖。是比利时《创意花艺》杂志的签约花艺师。

难度等级：★☆☆☆☆

围裹在桑皮纤维中的粉红色复活节暖巢

花艺设计 / 夏洛特·巴塞洛姆

步骤 *How to make*

① 将桑皮纤维条一条一条编入半球形条筐中。
② 用彩色毛毡将塑料托盘四周包好，并用热熔胶粘牢固定。
③ 将带花泥托盘放入半球形条筐中，然后插入绣球。
④ 放入装饰彩蛋。
⑤ 沿半球形条筐的顶边将旱叶百合一根一根地用花艺防水胶水粘牢，白色的叶尖朝外。
⑥ 将制作好的作品摆放在粗树枝上。

材料 *Flowers & Equipments*

绣球、旱叶百合、粗树枝
用金属和藤条编制的半球形条筐、桑皮纤维、毛毡、彩蛋、圆形带花泥托盘、胶枪、花艺专用防水胶水

难度等级: ★★☆☆☆

柔和的春月与复活节彩树

花艺设计 / 夏洛特·巴塞洛姆

步骤 How to make

① 用铁丝和花艺专用胶带制作出一个弯月形状的花篮架构。
② 将细软木条用胶粘贴在制作好的架构上。
③ 将花泥放入架构底部,用垫状苔藓将四周的空隙塞严。
④ 插入鲜花,装饰花篮,最后再加入一些藤蔓植物作为点缀。

材料 Flowers & Equipments

欧洲荚蒾、香豌豆、花毛茛、绣球、藤蔓植物、垫状苔藓
弯月形金属底座、铁丝、花艺专用胶带、花泥、软木块

难度等级：★☆☆☆☆

步骤 How to make

① 将花泥放入花盆中。
② 将三桠木插入花泥中。
③ 用一些藤条将容器的顶部装饰一下。根据需要可将藤条进行弯曲塑形，并用胶将其粘牢固定。
④ 将绣球、花毛茛以及彩蛋（彩蛋应事先插放在小木棍上）插入花泥中。
⑤ 用粉线铁丝将玻璃营养管系在三桠木上，并用一点胶粘牢，然后就可以将万带兰插入玻璃管中了。

材料 Flowers & Equipments
花毛茛、万带兰、绣球、三桠木
高款花盆、藤条、花泥、玻璃鲜花营养管、
彩蛋、木棍、粉色铁丝

难度等级：★★★☆☆

点缀着蓝色高光的石膏艺术品

花艺设计 / 夏洛特·巴塞洛姆

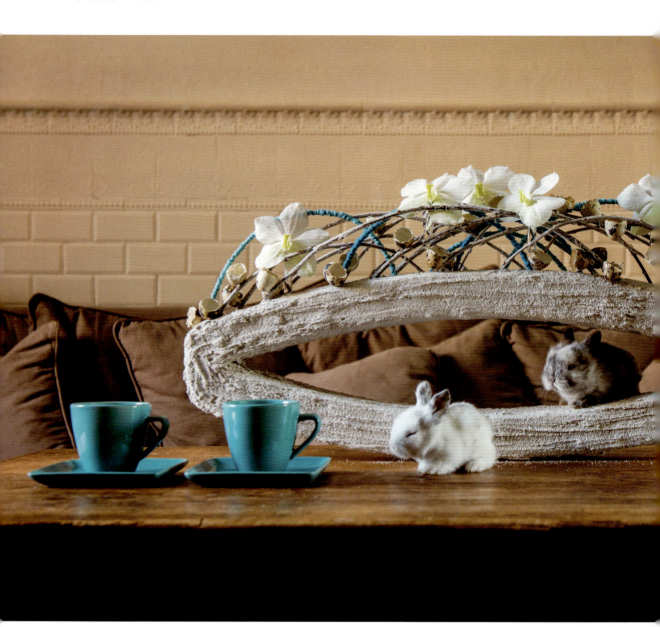

步骤 *How to make*

① 用胶带将 2 个聚苯乙烯树脂块绑在一起。
② 将石膏和水泥混合后覆盖在树脂块外表面。晾干。
③ 在制作好的支架上钻几个小洞，然后将树枝插进去。
④ 用毛线将铝线包裹好，然后与插入树枝的作法一样，将包好的铝线插入洞中。
⑤ 将玻璃鲜花营养管系在树枝上，同时用蓝色细铁丝将它们系在铝线上。
⑥ 插入万带兰，最后用胶将鹌鹑蛋蛋壳固定在架构上。

材料 *Flowers & Equipments*

白色万带兰
2个长圆形的聚苯乙烯树脂块、花艺专用胶带、石膏、水泥、毛线、玻璃鲜花营养管、蓝色细铁丝、铝线、电钻、胶枪、鹌鹑蛋

材料 Flowers & Equipments

淡绿色欧洲荚蒾、玫瑰、香豌豆、桑树皮

铁丝圆环、橙色柳条、拉菲草、蓝绿色的绳子、蓝绿色的铁丝、铁丝或金属条、花艺专用胶带、热熔胶

难度等级：★★★☆☆

节日嘉宾

花艺设计 / 夏洛特·巴塞洛姆

步骤 How to make

① 用拉菲草和蓝绿色的绳子将铁丝圆环完全覆盖。滴上一点儿胶水将其粘牢固定。
② 将柳条剪切成小段，并弯折成精致的小圆环，然后用它们打造出一朵朵漂亮的柳絮花。用蓝绿色的铁丝将花朵形状固定，并将它们粘贴在基座上。
③ 对于一些花茎短小的花材，可以用一根长长的柳条作为茎杆，这样就可以直接将花材加入花束中。
④ 取3根铁丝将花束缠绕，然后用花艺专用胶带将铁丝包裹起来，以便可以直接将花茎握住。
⑤ 将制作好的花束直接放入打造好的架构内。

难度等级：★☆☆☆☆

移动的鲜花壁挂

花艺设计 / 夏洛特·巴塞洛姆

步骤 *How to make*

① 将拉菲草覆盖在挂衣架上。
② 用蓝色柳条编结成小圆环，然后用铜缝纫线固定。
③ 将毛毡片裁剪成小圆片。选几根玻璃尖头鲜花营养管将圆形毛毡片粘贴在其四周。
④ 将制作好的各种小挂件交替串在铜缝纫线上，打造出一串串漂亮的拉花。

材料 *Flowers & Equipments*

干燥水果、万带兰

金属挂衣架、拉菲草、铜缝纫线（扁铜线）、毛毡条、蓝色柳条、玻璃尖头鲜花营养管、铁铝丝

难度等级：★★★☆☆

刺绣花束

花艺设计 / 夏洛特·巴塞洛姆

> **材料** *Flowers & Equipments*
>
> 康乃馨、淡绿色欧洲荚蒾、玫瑰、花毛茛、万带兰
>
> 聚苯乙烯泡沫塑料半球体、干燥圆叶尤加利、原木色包纸绑缚线、小号玻璃尖头鲜花营养管、花泥、热熔胶

步骤 *How to make*

① 用干燥圆叶尤加利将聚苯乙烯泡沫塑料半球体的外表面覆盖。注意粘贴时叶片脉纹要始终朝向一致。
② 用手将原木色包纸绑缚线编织成一块面积较大的网。
③ 将编织成的网定形，外观要漂亮，然后放置在半球体上。基座制作完成。
④ 用鲜花装扮制作好的基座。
⑤ 用绑缚线将一些小号玻璃营养管固定好，然后插入万带兰鲜花。

难度等级：★★★☆☆

春日圈圈

花艺设计 / 夏洛特·巴塞洛姆

材料 *Flowers & Equipments*

花毛茛、丝苇仙人掌、干棕榈叶铁制基座、聚苯乙烯泡沫塑料蛋糕块、热熔胶、花泥、定位针、花艺刀、小木棍

步骤 *How to make*

① 用花艺刀在聚苯乙烯泡沫塑料蛋糕块的顶部切出一个插槽。
② 用定位针和热熔胶将干叶片粘贴在聚苯乙烯泡沫塑料蛋糕块表面。
③ 将用叶片装饰好的聚苯乙烯泡沫塑料块插入铁制底座上。
④ 将花泥放入事先切好的插槽中，并用几枝小木棍固定。
⑤ 用花毛茛和丝苇仙人掌将制作好的圆盘装饰一番。

小贴士：在聚苯乙烯泡沫塑料蛋糕块的顶部，应随意选取不对称的位置，切割出插槽，毋庸置疑这样打造出的作品更时尚。

难度等级：★★☆☆☆

手工制作的鲜花挂画

花艺设计／夏洛特·巴塞洛姆

步骤 *How to make*

① 根据铁制框架的尺寸，用线锯裁切下一块绝缘板。
② 然后从绝缘板上裁切下一块圆形板材。
③ 用胶带将裁切下的绝缘板粘贴在铁框架上。
④ 用硬纸板将放置好绝缘板的铁框架完全覆盖。
⑤ 发挥想象力，用卫生卷纸中间的纸筒制作出自己心目中的花朵或是蝴蝶式样。
⑥ 将卫生卷纸中间的纸筒切成4段，这样就能获得更多的纸圆环。轻轻将它们弯折，然后用小号彩色橡皮圈将它们绑在一起。
⑦ 将制作好的各式纸筒花粘贴在框架的硬纸板上。
⑧ 将玻璃尖头营养管插入切下的圆形绝缘板中。用藤包铁丝将这块插有营养管的圆形板材固定在框架的硬纸板上。
⑨ 插入万带兰，装饰画框。

材料 *Flowers & Equipments*

万带兰
带有支撑底座的铁制框架、绝缘板、胶带、线锯、硬纸板、卫生卷纸中间的纸筒、小号彩色橡皮圈、热熔胶、玻璃尖头鲜花营养管、藤包铁丝

难度等级：★★★☆☆

清新柔和的色调

花艺设计 / 夏洛特·巴塞洛姆

步骤 *How to make*

① 用桑树皮条覆盖半球体表面。从球体中心开始，粘贴时注意应始终朝着同一方向。
② 将叶脉叶卷曲成圆锥形，然后环绕着装饰好的半球体容器内粘贴一圈。
③ 用黄麻绳将粗铁丝包裹，然后塑造出带有支撑脚的想要的造型。
④ 插入鲜花。

材料 *Flowers & Equipments*

淡绿色欧洲荚蒾、玫瑰、香豌豆、桑树皮

聚苯乙烯泡沫塑料半球体、花泥、大号粗铁丝、定位针、黄麻绳、叶脉叶、热熔胶

难度等级：★☆☆☆☆

毛毡网中的万带兰

花艺设计 / 夏洛特·巴塞洛姆

材料 *Flowers & Equipments*
淡绿色欧洲荚蒾、万带兰、芭蕉叶带花泥的塑料托盘、蓝色毛毡条、铝线、热熔胶、塑料尖头营养管

步骤 How to make

① 取一些芭蕉树皮,用胶枪将它们粘贴在带花泥的塑料托盘外表面。
② 将蓝色毛毡条剪成小段。将一根铝线放在毛毡条中间,然后将这段毛毡条对折后粘在一起。
③ 将制作好的毛毡条拉花系在一起,然后将其围绕在托盘四周,就像是给托盘穿了一条裙子。
④ 将欧洲荚蒾花枝轻轻推入塑料托盘内的花泥中,这样制作能够保证插入的花枝外观看上去像个精美的圆球。
  小贴士:欧洲荚蒾的花茎必须被推至花泥的深处。
⑤ 在营养管中插入万带兰,整件作品完成。

难度等级：★☆☆☆☆

欢迎来到复活节聚会

花艺设计 / 夏洛特·巴塞洛姆

材料 Flowers & Equipments

白色葡萄风信子、柳枝
薄木条、铁丝圈、蛋壳、热熔胶、装饰用干果、细铁丝

步骤 How to make

① 用不同宽度的木条围成一个圆圈，然后将它们固定在金属圈上。
② 将枝条固定在花环内。
③ 将白色葡萄风信子种植在蛋壳内，然后放置并固定在花环内侧底部。
④ 用一些干果装饰花环。

材料 Flowers & Equipments

豌豆荚、花毛茛、绣球、淡绿色欧洲荚蒾
冷固胶、铁丝、黄麻、金属手捧花束花托、卡纸、绿色毛毡

步骤 How to make

① 环绕花束花托放置一圈卡纸并固定。
② 将毛毡粘贴在卡纸上作为花束底托，然后用冷固胶将豌豆荚粘贴在底托上。
③ 用鲜花制作一束漂亮的手捧花束，然后放置在花托中间。

难度等级：★★☆☆☆

鸟巢

花艺设计 / 夏洛特·巴塞洛姆

材料 *Flowers & Equipments*

桑皮纤维、麻黄、花毛茛、淡绿色欧洲荚蒾
大小不同的圆形花泥、带塑料托盘、薄木片、毛毡、胶枪

步骤 *How to make*

① 将宽度不同的薄木片用胶粘在一起。然后粘上一层毛毡，接着粘上桑皮纤维条，最后再粘上一层木片条。
② 将染料木枝条插入花泥中，弯折塑成鸟巢状，然后将铁丝弯曲对折，固定住枝条。
③ 将鲜花插入鸟巢中间。

难度等级：★★★★☆

高悬的花瓶

花艺设计 / 夏洛特·巴塞洛姆

> **材料** *Flowers & Equipments*
> 桑皮纤维、蓝莓树枝条、万带兰、淡绿色欧洲荚蒾、康乃馨、玫瑰、细铁丝网、石膏条、藤条、绳子、花泥、塑料膜

步骤 *How to make*

① 将细铁丝网围成一个圆锥体。
② 用石膏条和桑皮纤维条交替缠绕在圆锥体外表面。
③ 最后用藤条装饰圆锥体的底部。
④ 放入塑料膜作为衬垫。将花泥塞入圆锥体中。
⑤ 将绳子系在圆锥体的两侧，以便将它悬挂起来了。
⑥ 插入各式花材。

难度等级：★★★★★

春日图画

花艺设计 / 夏洛特·巴塞洛姆

材料 *Flowers & Equipments*

干露兜树叶片、万带兰

木板、绝缘板、线锯、螺丝刀、胶枪、藤条、沙子、花泥板、喷胶、塑料膜、鹌鹑蛋、羽毛、小号锥形鲜花营养管、拉菲草

步骤 *How to make*

① 在绝缘板上剪开一个槽，然后将绝缘板用螺丝拧在木板上。
② 将干露兜树叶片仔细地粘贴在绝缘板上。
③ 用喷胶喷涂槽口的底部，并撒上沙子，将槽底覆盖。
④ 用藤条做成小藤圈，然后将它们插入槽口的沙子里。
⑤ 将花泥板切割成大小不一的圆形小花泥块，然后用塑料膜包裹，塞入木槽内。
⑥ 用藤条、拉菲草装饰这个小鸟巢，然后用胶将羽毛和鹌鹑蛋粘在里面。
⑦ 将万带兰插入锥形鲜花营养管里，然后直接插入花泥中。

难度等级：★★★☆☆

号角

花艺设计 / 夏洛特·巴塞洛姆

材料 Flowers & Equipments

银柳、淡绿色欧洲荚蒾、狼尾草、白色郁金香

聚苯乙烯泡沫塑料楔形块、大号粗铁丝、石膏、沙子、褐色细铁丝、大号塑料圆锥形水管、黄麻、热熔胶

步骤 How to make

① 用几根银柳缠绕在大号粗铁丝四周，然后用褐色细铁丝固定。
② 根据喜好弯折塑形，折成的圆圈大小应能够放置锥形水管。
③ 将包着铁丝的3束枝条插入聚苯乙烯泡沫塑料块里。
④ 将混有沙子的石膏覆盖在泡沫塑料块表面，然后用手涂抹均匀。
⑤ 用黄麻将锥形水管缠绕包裹，放入枝条间。
⑥ 将鲜花插入锥形水管中。

难度等级：★★☆☆☆

花丛中的情人节

花艺设计／夏洛特·巴塞洛姆

材料 *Flowers & Equipments*
花毛茛、芍药、玫瑰
2个聚苯乙烯异形长条块、塑料膜、花泥、花艺胶带、毛毡、热熔胶

步骤 *How to make*

① 将 2 个聚苯乙烯泡沫塑料块连接在一起，形成一个封闭的椭圆形。
② 在 2 块泡沫塑料块之间放入塑料膜衬垫，然后将花泥放入。
③ 用花艺专用胶带将泡沫塑料块以及中间的花泥绑紧固定。
④ 用胶将不同颜色的毛毡粘贴在泡沫塑料块的外表面，装饰漂亮。
⑤ 将鲜花插入花泥中。

难度等级：★★★★☆

春风拂绿枝

花艺设计 / 夏洛特·巴塞洛姆

> **材料** *Flowers & Equipments*
> 观花枝条、干燥圆叶尤加利、针垫苔藓、花毛茛、郁金香
> 花泥、纤维托盘、细铁丝网、胶带、热熔胶、长铁丝、鹌鹑蛋、羽毛

步骤 *How to make*

① 将花泥放入托盘中，插入观花枝条。
② 用苔藓、鹌鹑蛋和羽毛装饰底座。
③ 用细铁丝网制作成一个长条形架构。
④ 用胶带绑紧、加固。
⑤ 将干燥圆叶尤加利粘贴在架构表面，注意保持叶片脉纹走向一致。
⑥ 在架构内铺一层塑料膜，然后放入花泥。
⑦ 用长铁丝将制作好的架构绑扎固定在枝条上。
⑧ 将鲜花插入花泥中，并用羽毛和鹌鹑蛋装饰架构。

难度等级：★★★☆☆

最美佳境花园

花艺设计 / 夏洛特·巴塞洛姆

步骤 *How to make*

① 在半球形容器底部放入花泥，然后用小木棍穿过聚苯乙烯半球体，再插入花泥中，这样聚苯乙烯半球体就固定在花泥上了。
② 将一叶兰叶片折叠并粘贴在半球体的表面。用定位针固定。
③ 用柳条编制成一个花冠，放在半球体四周。
④ 用卷轴铁丝将小玻璃管固定在枝条间，插入万带兰，将花冠装饰漂亮。
⑤ 用胶将蛋壳和虎眼万年青花朵粘在柳枝上。

材料 *Flowers & Equipments*
一叶兰叶片、万带兰、虎眼万年青、柳枝
聚苯乙烯半球体、木棍、花泥、玻璃管、冷固胶、定位针、卷轴铁丝、半球形容器、蛋壳

难度等级：★★☆☆☆

材料 *Flowers & Equipments*

黄水仙、黄色三桠木
金属框架、拉菲草、黄色花泥、黄色包纸铁丝、大号玻璃试管

步骤 *How to make*

① 用拉菲草缠绕金属框架。
② 将三桠木撑在框架内，形成赏心悦目的装饰图案。
③ 将黄色花泥切成条状，挤入枝条之间。用胶枪粘牢固定。
④ 将玻璃试管挂在树枝上，然后插入黄水仙来装饰这幅挂图。

难度等级：★☆☆☆☆

褪色柳环绕的花盒

花艺设计 / 夏洛特·巴塞洛姆

材料 *Flowers & Equipments*
褪色柳、花毛茛、非洲菊
圆形奶酪盒、花泥、塑料薄膜、树皮、细绳、胶枪

步骤 *How to make*

① 将薄树皮粘贴在奶酪盒周围，然后系一根漂亮的绳子，将盒子装饰一下。
② 用塑料薄膜将花泥包起来。为了操作简便，可选用直径略小于奶酪盒的圆形花泥。
③ 将褪色柳沿盒子的最外圈插入，将柳枝直接插入花泥中。
④ 留出盒子中间的花泥，后面将鲜花插在这个区域。
⑤ 慢慢来，不要着急，不要在柳枝之间留下任何空隙。

难度等级：★★☆☆☆

色彩斑斓的
春日露台

花艺设计 / 夏洛特·巴塞洛姆

材料 *Flowers & Equipments*

桑树皮、蓝莓枝条、郁金香、花毛茛、淡绿色欧洲荚蒾、银莲花、干荷叶
金属支架、塑料水瓶、冷固胶

步骤 *How to make*

① 用桑皮包裹覆盖金属支架，并用胶水粘牢固定。
② 取一只塑料水瓶，将顶部切掉。将干荷叶粘贴在瓶子底部，制作成一个小花瓶。
③ 将小花瓶放在支架上，一定确保瓶体稳定，避免发生倾倒。
④ 做各色迷人的鲜花制作成一束漂亮的春季花束，然后插入花瓶中。

材料 *Flowers & Equipments*
银莲花、淡绿色欧洲荚蒾、竹环、纸板卷筒（取一块桌布纸，卷成圆筒状）、软木条、玻璃试管、热熔胶枪、绑扎铁丝

难度等级：★☆☆☆☆

嬉水花丛中

花艺设计 / 夏洛特·巴塞洛姆

步骤 *How to make*

① 用软木条将纸板卷筒完全覆盖：首先取一大块软木板覆盖住整个纸筒外表面，然后将软木板切成大小不同的长条，分别缠绕在裹在纸筒外的软木板上，然后根据需要用胶粘牢固定。
② 将竹环套在软木条之间，然后用胶粘牢固定。
③ 用绑扎铁丝将玻璃试管固定在圆筒上。
④ 插入鲜花，装饰圆筒。

难度等级：★★★★☆

空中漂浮的花毛茛

花艺设计／夏洛特·巴塞洛姆

材料 Flowers & Equipments
花毛茛、淡绿色欧洲荚蒾
塑料软管、2个金属支架、桑皮纸、铁丝、
胶带、花泥、热熔胶

步骤 How to make

① 将塑料软管扭弯成喜欢的形状，确保管子的两端接触到地面，中间扭成一个漂亮的圆环。
② 用铁丝编制一个篮子，然后缠绕胶带以定形并增加篮子的强度。将篮子挂在中间的软管圆环上。
③ 用桑皮纸缠绕软管及篮子，并完全覆盖。
④ 把花泥放入篮中，并插入鲜花。

难度等级：★★★☆☆

紫蓝色的复活节彩蛋

花艺设计 / 斯汀·西玛耶斯

材料 *Flowers & Equipments*

耧斗菜、葡萄风信子、木通、堇菜、绵枣儿、枫树枝、桦树皮、苔藓、铁线莲

聚苯乙烯树脂、花艺专用胶带、胶枪、花泥

步骤 *How to make*

① 取一块聚苯乙烯树脂板，从中切出一块似鸡蛋形状的板材。
② 将带花泥的托盘用花艺专用胶带固定到板材底部，制成插花容器，然后插入鲜花。
③ 将桦树皮覆盖在蛋形板材外表面，用胶枪将其粘牢固定。将两枝从花园中剪下的春季叶芽萌发的小枝条环绕着架构缠绕。
④ 将剩余的鲜花自然随意地插入花泥中。最后放入几簇苔藓，整件作品即完成。

难度等级：★★☆☆☆

葡萄风信子花篮

花艺设计 / 斯汀·西玛耶斯

材料 *Flowers & Equipments*

盆栽葡萄风信子、苔藓
木条、种植盘、胶枪或钉枪

步骤 *How to make*

① 将木条弯制成一个圆环。
② 用胶枪和木条在圆环上打造出一个半球形架构。也可以用钉枪来完成。
③ 取一个种植盘（底部无排水孔），将葡萄风信子植株栽种其中。
④ 栽种完毕后直接将种植盘放于半球形架构中，最后铺上苔藓。

难度等级：★★☆☆

花艺设计／斯汀·西玛耶斯

皇冠贝母与原木花瓶

步骤 *How to make*

① 用胶枪将松树皮粘贴覆盖在花瓶外表面。
② 在花瓶里注入水。
③ 将树枝放入花瓶中。去掉贝母花茎上的叶片，然后将花枝插放在树枝之间。
④ 将一些苔藓塞入花瓶底部。

材料 *Flowers & Equipments*

贝母、枫树枝、苔藓、松树皮
胶枪、三只花瓶

056 | fleur creatif

难度等级：★★★☆☆

小棒棒 & 酸橙子

花艺设计 / 斯汀·西玛耶斯

| 材料 *Flowers & Equipments*
| 虎眼万年青
| 酸橙、染成绿色的芦苇草、芦苇杆、晒衣夹、带有底座的铁棍、冷固胶

步骤 *How to make*

① 将酸橙一只挨一只穿到铁棍上。
② 在每只酸橙子上面插上几枝芦苇杆。
③ 用小木棒和晒衣夹来一起做一场"挑棒游戏"吧。
④ 在整个架构中插入虎眼万年青的花朵。用冷固胶粘好。

难度等级：★★★☆☆

纯洁、纤巧的雪片莲

花艺设计 / 斯汀·西玛耶斯

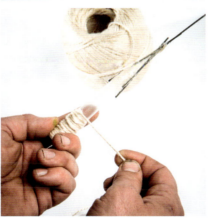

步骤 *How to make*

① 在木块上钻一个洞。
② 用胶带将粗铁丝绑在鲜花营养管上，这样小水管就有了一个长长的手柄，然后用黄麻绳将其缠绕包裹。
③ 将一根短而直的粗铁丝用黄麻绳缠绕起来，然后将顶部弯折成一个圈，圈的直径大小可以正好放入一支鲜花营养管。
④ 将短而直的粗铁丝用胶粘在木块上。
⑤ 将鲜花营养管放入粗铁丝顶部的圆圈中。
⑥ 在营养管中注入水，然后插入鲜花。

难度等级：★★☆☆☆

古灵精怪的郁金香

花艺设计 / 斯汀·西玛耶斯

步骤 *How to make*

① 在粗根桩的底部钻一个洞，洞的直径要足够大，能够将整根树桩安装在带插针的底座上。
② 根据准备插放的玻璃鲜花营养管的数量，在这个木制架构上钻一些洞。洞要钻得足够深，以防止玻璃水管的顶部破裂。
③ 去掉郁金香花茎上的叶片，然后将它们插入水管中。
④ 将水用墨水染成彩色，然后再注入到水管中。

材料 *Flowers & Equipments*
郁金香、粗壮的根桩或者其他天然的大树枝
三角形玻璃鲜花营养管、电钻，8mm钻头、墨水、带插针的底座

难度等级：★★★☆☆

色彩斑斓的餐前酒

花艺设计 / 斯汀·西玛耶斯

材料 *Flowers & Equipments*
蒲包花
薄木片、小石块、聚酯纤维、花艺专用胶带、乳胶、胶枪

步骤 *How to make*

① 将薄木片卷成似雪茄一样的圆柱形。
② 在卷好的圆柱体中略微点一些乳胶，将用剩的乳胶倒回瓶子中。
③ 用胶枪将制作好的木制圆柱体粘在底盘上。
④ 在底部支座上铺上一层聚酯纤维，并放上一层小石块以保证底座稳固。
　小贴士：建议此操作最好在室外进行，或在操作时佩戴口罩。
⑤ 最后，在圆柱体中插入蒲包花。

材料 Flowers & Equipments
香豌豆、风铃草、染成黑色的棉毛水苏叶片、松萝凤梨
染成白色的细竹棍、干花泥、鲜花营养管、胶枪、木板、剑麻丝带

难度等级：★★★☆☆

晶莹剔透

花艺设计 / 斯汀·西玛耶斯

步骤 *How to make*

① 取一块花泥（例如干花泥），将其绑在一块木板上（为了保持结构稳定），然后将细竹棍插入花泥中，有的地方可多插几根，插得密一些，有的地方可插得疏一些，最终打造成扇形。
② 将鲜花营养管用绳子绑在竹棍顶端，或是用胶粘牢固定。
③ 用染成黑色的棉毛水苏叶片将底部的花泥遮盖起来。
④ 将剑麻丝带用手撕扯，这样可以让这些细小的纤维丝停留在竹棍之间，并与竹棍融合在一起。同时也可以将营养管遮挡起来。
⑤ 将鲜花插入营养管中，最后将松萝凤梨覆盖在木板底座上。

难度等级：★★★☆☆

漂浮的洋葱

花艺设计 / 斯汀·西玛耶斯

材料 *Flowers & Equipments*
花毛茛、紫色洋葱
金属框架、绳子、木签

步骤 *How to make*

① 用混色麻绳缠绕金属框架。
② 将木签子刺入洋葱球中，然后将它们串成一个正方形。
③ 在洋葱球顶部中间切开一个口子，然后将花毛茛随意插入。
④ 制作几个金属钩，然后插入洋葱球里，这样就可以用麻绳将洋葱挂在架子上了。

难度等级：★★☆☆☆

平衡均和

花艺设计 / 斯汀·西玛耶斯

材料 *Flowers & Equipments*
白色铁线莲
结实的剑麻片、卷筒、鲜花营养管、竹竿、木板、电钻

步骤 *How to make*

① 将结实的剑麻片切成细条。
② 取一根剑麻条，滚成卷状，然后再粘贴一条，再继续滚动，如此持续进行，直至得到一个外形和大小适宜的圆盘。不要将圆盘中的剑麻条都粘在一起，因为接下来需要在空隙中插入鲜花营养管。
③ 在木板上钻几个孔，孔径与竹竿直径大小相同。
④ 将竹竿下部插入木板底座中，其中两根竹竿的顶部直接插入剑麻条做成的圆盘并穿过，另外一根竹竿支撑在圆盘下部。
⑤ 将鲜花插入营养管中。

难度等级：★★★☆☆

开放式花窗

花艺设计 / 斯汀·西玛耶斯

步骤 *How to make*

① 把3个桌花花泥盘粘在一起。
② 将大小相等的小木块粘贴在U形框架上（2个支架）。
③ 将花泥盘放入并固定在框架内，同时在支架底座上也粘上几块小木块。
④ 将圆头大花葱花枝插入花泥。

材料 *Flowers & Equipments*
圆头大花葱
小木块、3个桌花花泥盘、金属支架

材料 *Flowers & Equipments*
鹦鹉郁金香
粗铁丝、铜丝网、胶带、盛水的容器、剑麻纸

难度等级：★★★☆☆

繁花满溢的郁金香

花艺设计 / 斯汀·西玛耶斯

步骤 *How to make*

① 用粗铁丝和铜丝网制作出基本架构，用胶带缠绕包裹（确保可以将剑麻纸粘贴在上面）。确保架构顶部的空间足够大，可以放下一个盛水的容器，郁金香会直接插放在这个容器中。
② 将剑麻纸裁剪成不规划的小块，然后粘贴在架构表面。
③ 在石块上面钻一个洞，架构底座可以正好插入石头中。
④ 用同样花色的剑麻纸覆盖在石块表面。
⑤ 在顶部容器中放入水，插满鹦鹉郁金香。

难度等级：★★★☆☆

浪花般舞动的风铃草

花艺设计 / 斯汀·西玛耶斯

材料 Flowers & Equipments

风铃草、麦冬、松萝凤梨、叶脉叶
2个铁艺支架（外形见插图）、铝线（粉绿色的细铝线）、绑扎线、冷固胶

步骤 How to make

① 用绑扎线将两个铁艺支架连接在一起。
② 依托铁艺支架的波浪造型，将铝线随意弯折扭曲。
③ 接下来将所有的花材穿插编入由铝线和铁艺支架组成的架构中。
④ 用一点冷固胶将花朵粘牢。如果想让鲜花的观赏期更长，可以将鲜花营养管直接绑扎在架构上，然后直接将鲜花插入营养管中。

难度等级：★★★☆☆

聚光灯下的耧斗菜

花艺设计 / 斯汀·西玛耶斯

> **材料** *Flowers & Equipments*
> 各种花色的耧斗菜、盆栽土壤
> 花泥、塑料盘、竹竿、铜丝网或细铁丝网、木工胶

步骤 *How to make*

① 将花泥砖放入塑料托盘中，然后一起放进木制圆盘底座内。
② 将鲜花并列插入花泥中，数量根据自己的喜好，可密可疏。
③ 在鲜花周围插入一圈细竹竿，直接插在花泥上，然后将铜丝网或细铁丝网折叠成条状后系在竹竿上。
④ 现在，用混入木工胶的土壤在木制底座之上建造一堵坚固结实且外观自然的土墙。

P.080

安尼克·梅尔藤斯
Annick Mertens

annick.mertens100@hotmail.com

安尼克·梅尔藤斯（Annick Mertens）毕业于农学和园艺专业，2003 年，她在比利时韦尔布罗克（Verrebroek）开设了自己的花店"Onverbloemd"，并在她位于比利时弗拉瑟讷（Vrasene）的家中，每月组织一次花艺研讨会。她认为在舒适的环境中分享经验和教授技术至关重要！冬季，学生们用柴火炉做饭，夏季，他们可以在安尼克自己的花园玫瑰园里切玫瑰。学校放假期间，安尼克为孩子们提供鲜花活动营。她还是 *Fleur Creatif* 花艺杂志的签约设计师，多次参加比利时国际花艺展（Fleuramour）等花艺展会。

汤姆·德·豪威尔
Tom De Houwer

tomdehouwer@icloud.com

比利时花艺大师，在世界各地进行花艺表演和授课。他想启发其他花艺师，发现与自己最本真的东西。先后参加了比利时"冬季时光"主题花展等展览……并在几本杂志上发表过文章。

材料 *Flowers & Equipments*

绿色山茱萸、橙色大花球形玫瑰、
大叶藻、钢草
塑料花泥盘、橙色绳子、粗钩头螺栓

难度等级：★★☆☆☆

套着羊毛夹克的玫瑰花

花艺设计 / 安尼克·梅尔藤斯

步骤 *How to make*

① 用钩针编织出一条宽度大约为 10cm 的长围巾，并围裹在塑料花泥盘的外围。
② 将山茱萸的枝条修剪成长度相同的小段，然后插进花泥中并弯成弧形。在枝条之间插入钢草。
③ 将大叶藻放在钩编围巾边沿与枝条段之间，打造出一圈衬边。
④ 将橙色大花球形玫瑰插放在中心。

难度等级：★★☆☆☆

令人耳目一新的阳台

花艺设计 / 安尼克·梅尔藤斯

> **材料** *Flowers & Equipments*
>
> 白色向日葵茎杆、钢草、虎眼万年青
>
> 表面白色的木板、玻璃鲜花营养管、白色柳条、球形花泥、蛋壳

步骤 *How to make*

① 将白色向日葵茎杆和玻璃鲜花营养管分成3组，然后将它们分别粘在白色木板表面。
② 用白色的藤条做成波浪状来装饰边沿和底部。
③ 将钢草插入并延伸出来，再弯折，打造出一个引人注目的绿色亮点。
④ 用虎眼万年青花朵进行装饰。
⑤ 点缀几个半球形花泥为作品增添几分趣味。为诠释复活节的主题，可以再放上一些碎蛋壳作为装饰物。

难度等级：★★☆☆☆

花毛茛的茧巢

花艺设计 / 安尼克·梅尔藤斯

> **材料** *Flowers & Equipments*
>
> 花毛茛、棕色树皮
> 花束用花泥盘、汤匙、花艺专用胶带、
> U形钉、花艺刀、胶枪

步骤 *How to make*

① 在花泥块上选取一处不对称的位置，用汤匙将该处花泥挖出。
② 为了便于用U形钉和胶水固定，需要先用胶带将花泥外圈缠绕包裹。
③ 用U形钉钉住第一层树皮，接下来用胶枪将树皮一层一层粘牢固定。
④ 最后将鲜花放在顶端，形成整件作品的顶峰。

难度等级：★★☆☆☆

东方风情

花艺设计 / 安尼克·梅尔藤斯

材料 *Flowers & Equipments*

大花毛茛、香茅
方形花泥、胶枪、花艺专用胶带、花艺刀

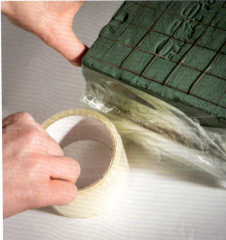

步骤 *How to make*

① 用胶带将浸泡湿润的花泥外侧包裹起来，可以多缠绕几圈。
② 用胶枪将香茅枝沿花泥外侧粘牢。
③ 将大花毛茛穿过香茅枝直接插进花泥中。
④ 将几缕纤细的大叶藻点缀于花枝之上，整件作品完成。

材料 Flowers & Equipments
树皮条、斑叶淡黄绿色口红花
胶枪、晾衣夹

难度等级：★★☆☆☆

春日聚会

花艺设计 / 安尼克·梅尔藤斯

步骤 How to make

① 用树皮条编制一个花篮。
② 用胶枪和晾衣夹粘贴并定位。
③ 将斑叶淡黄绿色口红花的枝条沿花篮四周边沿放置，遮盖住花篮边。

难度等级：★★★☆☆

郁金香爱巢

花艺设计 / 安尼克·梅尔藤斯

材料 *Flowers & Equipments*

绿色的冰岛苔藓、钢草、芭蕉树树皮、郁金香
直径 30cm 的聚苯乙烯树脂球、塑料花泥盘、胶枪、定位针（用来固定芭蕉树树皮）、U 形钉（用来固定苔藓）

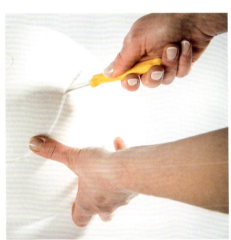

步骤 *How to make*

① 切掉聚苯乙烯树脂球的顶部，切口边缘不必太规整，造型可以更加新奇怪诞一点。然后将塑料花泥盘放置在球体中，用胶带将其固定。
② 将绿色的冰岛苔藓沿着球体边缘放置，用 U 形钉刺入固定。将钢草一端插入花泥中，另一端用 U 形钉固定在冰岛苔藓下面。
③ 将芭蕉树树皮一片挨一片地覆盖在聚苯乙烯球体裸露的外表面，用黑色定位针固定。
④ 将郁金香插入放在球体中央的花泥。

难度等级：★★☆☆☆

填满鸡蛋的笼舍……

花艺设计 / 安尼克·梅尔藤斯

材料 Flowers & Equipments

金槌花、洋甘菊、被掏空的向日葵茎杆、竹叶、任意品种的小花朵胶枪、凤头麦鸡鸡蛋、稻草花纹的U形钉、聚苯乙烯树脂板

步骤 How to make

① 将竹叶润湿，然后用U形钉将其钉在聚苯乙烯树脂板上。根据需要，可涂抹一层壁纸胶使竹叶粘贴得更牢固。
② 将凤头麦鸡蛋蛋壳用胶一个挨一个地粘在被掏空的向日葵茎杆内。
③ 将金槌花、羽毛、任意品种的小花朵以及洋甘菊的花朵摆放在蛋壳内。

花艺设计／安尼克·梅尔藤斯

难度等级：★★☆☆☆

与复活节小兔子的欢快聚会

步骤 How to make

① 取一打柔和的淡粉色色调的大花毛茛，扎成一束优雅可爱的手捧花束。
② 将薄荷绿色的凤头麦鸡鸡蛋插放在花枝之间。
③ 最后用拉菲草编结而成的绳子将花束扎紧，然后再点缀一圈薄荷绿色的剑麻丝，营造出一种欢快俏皮的效果。现在，让我们开始复活节的圣餐聚会吧！

材料 Flowers & Equipments

花毛茛
凤头麦鸡鸡蛋、拉菲草制成的绳子、薄荷绿色的剑麻绳

难度等级：★★★☆☆

蛋形堡垒

花艺设计 / 安尼克·梅尔藤斯

材料 *Flowers & Equipments*

向日葵茎杆、白银之舞（景天科）蛋形聚苯乙烯树脂块、U形钉、胶枪、复活节糖果彩蛋、卷状铁丝

步骤 *How to make*

① 用汤匙将向日葵茎杆掏空。

② 首先，用U形钉将掏出来的茎杆内容物钉在蛋形聚苯乙烯树脂块的外表面。然后用胶再将内容物粘上一层。

③ 取一段卷状铁丝，然后将白银之舞的叶片一片一片地用铁丝串起来。在叶片之间随意地粘上几粒复活节糖果彩蛋。现在让我们一起说：复活快乐！

难度等级：★★★☆☆

优雅的西澳蜡花

花艺设计 / 安尼克·梅尔藤斯

材料 *Flowers & Equipments*

西澳蜡花、圆形桦树皮
带支架的花托、包装纸、纱带、花艺专用防水胶带、胶枪、花艺刀、剪刀、花艺专用胶带

步骤 *How to make*

① 将圆形树皮切成4块。
② 取一张包装纸，剪成与树皮直径大小相同的圆形，然后将剪出的圆形对折两次，成四分之一圆。
③ 将剪下的树皮用胶粘在花泥外侧。同样将纸也粘在花泥外侧。
④ 将制作好的架构固定在花托支架上。用纱带将支脚缠绕包裹。
⑤ 最后将西澳蜡花插满架构中间的花泥。

难度等级：★★☆☆☆

愉快的复活节拜访

花艺设计 / 安尼克·梅尔藤斯

步骤 *How to make*

① 用干竹叶装饰聚苯乙烯泡沫塑料花环。
② 将干棕榈叶打个结，然后用定位针将它们固定在花环上。如果叶片太过僵硬，最好将它们放在温水中浸泡一会儿。
③ 最后插入3支漂亮的花毛茛，一件完美的作品完成了！

材料 *Flowers & Equipments*
干竹叶、干棕榈叶、花毛茛
聚苯乙烯泡沫塑料花环、定位针

材料 *Flowers & Equipments*

干刺竹、干棕榈叶、大叶藻、花毛茛、澳洲米花
半个蛋形聚苯乙烯泡沫塑料块、蛋形托盘、花泥、蛋壳

难度等级：★★☆☆☆

门上有彩蛋

花艺设计 / 安尼克·梅尔藤斯

步骤 How to make

① 在聚苯乙烯泡沫塑料块上划上标记线，准确地标示出需要切割出的蛋形的尺寸。
② 将干竹叶粘贴在切好的蛋形泡沫塑料块的外表面。
③ 将花泥与制作好的蛋形泡沫塑料块粘在一起。
④ 将干棕榈叶打个结，然后一根一根铺在蛋形托盘里。铺完一层再铺一层。
⑤ 为装饰好的蛋形容器制作一个木制外框。
⑥ 最后点缀上海藻和蛋壳，并将澳洲米花和花毛茛插入花泥中。

难度等级：★★★☆☆

温馨感人的瞬间

花艺设计 / 安尼克·梅尔藤斯

材料 *Flowers & Equipments*
苔藓、月桂
蛋壳、中间为心形的环状板材、硬纸板、粘土

步骤 *How to make*

① 取一个中间为心形的环状板材，用苔藓装饰一下（也可以用报纸制作一个心形花环，用细棍作为支撑物）

② 整个结构的底部应铺一层结实的硬纸板，以便可以将月桂叶直接粘牢固定。在板材上铺上一层粘土，将苔藓遮盖起来。

③ 在心形环状板材上切开一道缝隙，然后填入切碎的苔藓。当上面覆盖的粘土干透后，这道裂缝就会显现出来，里面填充的苔藓则根据缝隙的大小，时隐时现。而放入的月桂树叶片则会芳香四溢，令人赞叹不已…

难度等级: ★★★☆☆

神采奕奕的块茎木雕

花艺设计 / 安尼克·梅尔藤斯

材料 *Flowers & Equipments*

满天星、春季开花的球根花卉
木块、金属棒、废旧的橙色板条箱、木片卷筒、石膏、翠绿色的颜料、晾衣夹

步骤 *How to make*

① 用一块木头和两根金属棒制作底座。
② 从废旧的橙色板条箱上拆下一些木板,然后将它们粘贴在金属棒上。
③ 在木片卷筒中注入一团石膏。
④ 用石膏将春季开花的球根花卉的球根部分包裹好,并染成翠绿色,然后用晾衣夹将这些植物固定在木板上。

难度等级：★★☆☆☆

甜蜜的花篮

花艺设计 / 安尼克·梅尔藤斯

材料 *Flowers & Equipments*
五叶地锦、淡绿色欧洲荚蒾
金属框架、蜂蜡、蛋壳

步骤 *How to make*

① 用五叶地锦柔软的藤蔓将金属框架缠绕包围。
② 将蜂蜡切成 10cm×10cm 的小块，然后放入温水中浸泡几秒钟。这样就可以很容易地将它们折成小篮子的形状，放入架构内，里面再放入空蛋壳。
③ 然后将春季开花的淡绿色欧洲荚蒾轻放在空蛋壳上。

难度等级：★★★☆☆

树枝魔法

花艺设计 / 安尼克·梅尔藤斯

材料 *Flowers & Equipments*

桑皮纸、刺竹枝、柳树、花毛茛、澳洲米花
直径40cm的聚苯乙烯泡沫塑料半球体、水彩颜料、石蜡、粘土、塑料储水容器、门用绝缘密封胶条、定位针

步骤 *How to make*

① 将半球体染成自己喜欢的颜色。
② 涂上一层石蜡,为球体增添保护层。
③ 用粘土制作衬底,并放入塑料储水容器底部。
④ 将柳条弯折,然后沿容器边沿插入,让柳条将容器围住。柳条插放得越密,效果越好。
⑤ 容器四周的装饰:用桑皮纸将门用绝缘密封胶条包裹好。

小贴士:桑皮纸应用手撕成小条,不要用剪刀裁切。门用绝缘密封胶条在任何一家手工用品商店都能买到。这种胶条非常轻,它们可以营造出"漂浮"在容器周边的感觉。用桑皮纸包裹时,第一层先用定位针固定好,然后再用胶粘贴下一层。将竹环放置在胶条圈之间,打造出孔洞的效果。你可以多次更换鲜花,随心享用。

难度等级：★☆☆☆☆

棵棵排列的桃金娘……

花艺设计 / 安尼克·梅尔藤斯

材料 *Flowers & Equipments*
桃金娘盆栽、干草
鸡蛋、小碗

步骤 *How to make*
① 在花园小径旁将桃金娘盆栽沿路排列。
② 在每株桃金娘上放上小碗，碗内填充干草，放入鸡蛋。

难度等级：★★☆☆☆

春季花环

花艺设计 / 安尼克·梅尔藤斯

> **材料** *Flowers & Equipments*
> 葡萄风信子、小白菊、橙红色风信子、绿色洋桔梗、露兜树叶
> 带底座的铁环、直径25cm的聚苯乙烯泡沫塑料花环、双面胶、包装用蜡纸、胶枪

步骤 *How to make*

① 将双面胶粘贴在聚苯乙烯泡沫塑料花环的表面。
② 将蜡纸粘贴在泡沫塑料花环的表面。包装用蜡纸极难粘贴牢固，所以我们采用以下方法处理。将蜡纸撕成小块。这些小纸片就有了非常棒的"毛边"。所以记住，一定不要用剪刀剪切蜡纸……
    小贴士：这种包装用蜡纸是可以在商店买到的。当然也可以自己做蜡纸，大概制作时需要在中间夹一点碎蛋壳。
③ 接下来用胶水将露兜树叶片粘贴在泡沫塑料花环的下部。然后用夹子将塑料袋夹在花环下部的中间部位，直接将鲜花放入袋子里。

难度等级：★★☆☆☆

灿烂的春天

花艺设计 / 安尼克·梅尔藤斯

材料 Flowers & Equipments
白色飞燕草、棕叶狗尾草
金属圆环、木制碗形容器、花泥、绑扎线、聚苯乙烯泡沫塑料球、U形钉

步骤 How to make

① 为了最终制作出的架构呈现出更完美的圆球形，用U形钉将金属圆环固定在聚苯乙烯泡沫塑料球表面。
② 用绑扎线将棕叶狗尾草的叶片固定在圆环上。根据最终想呈现出的效果，决定叶片绑缚的松紧度。
③ 将花泥放入木制碗形容器中，然后一起摆放至架构中，将白色飞燕草插入花泥中。

材料 Flowers & Equipments
一大包蓝莓树枝条、郁金香
铁艺圆筒、铁丝、容器

难度等级：★☆☆☆☆

拥抱郁金香

花艺设计 / 安尼克·梅尔藤斯

步骤 How to make

① 取一些长短适宜的蓝莓树枝条，用铁丝将其绑扎在一起，制作架构。将枝条架构环绕在铁艺圆筒外。枝条越多，效果越好……
② 在中间的铁艺圆筒内放入一个玻璃容器，以便能够定期向容器内加水。
③ 将郁金香插入容器中。

小贴士：也可以用干草或编扫帚的材料来制作这种架构。

难度等级：★★☆☆☆

静物画

花艺设计 / 安尼克·梅尔藤斯

材料 Flowers & Equipments

白色花毛茛、绿色洋桔梗、苔藓、半个裹苯乙烯泡沫塑料蛋糕块、花艺木签、芭蕉纸、薄木片、壁纸胶、U形钉、带花泥的碗、木签

步骤 How to make

① 取几张芭蕉纸，粘贴在半个聚苯乙烯泡沫塑料蛋糕块表面。
② 将薄木片撕成尺寸相同的小块。千万不要用剪刀剪切，因为这样会看起来呆板、不自然。
③ 将薄木片粘贴在蛋糕块表面，先贴第一层，一定要粘牢固定。然后再粘贴第二层和第三层。
④ 将花艺木签刺入蛋糕块的底部，让其达到所需要的倾斜度。
⑤ 将花泥置于蛋糕块顶端，放置在两根木签之间，以避免花泥滑落。
⑥ 最后，将鲜花插入花泥中，在鲜花之间点缀苔藓。

小贴士：可选用小一点的泡沫塑料蛋糕块，这样可以选用不同颜色的鲜花，打造出丰富多彩的花艺小品，形成一个系列，效果也非常棒！

难度等级：★★★☆☆

缤纷色彩

花艺设计 / 安尼克·梅尔藤斯

材料 *Flowers & Equipments*

向日葵茎秆、盆栽植物枝条、绿色山茱萸、黄水仙、沙袋、包装用蜡纸、彩色纸球、毛线、方格图案包装纸

步骤 How to make

① 取一块木板,用方格图案包装纸包起来。
② 制作架构:将向日葵茎秆插入沙袋里,然后在竖立的茎秆间横向加入一些绿色的山茱萸枝条。
③ 将向日葵的花梗/垂直的山茱萸枝条与水平的绿色山茱萸连接起来。
④ 在架构中加入一些盆栽植物枝条,并系上一些彩色纸球。
⑤ 最后用毛线将黄水仙的球根包裹起来,然后将其放在沙袋之间。

难度等级：★☆☆☆☆

自制创意花钵

花艺设计 / 安尼克·梅尔藤斯

材料 *Flowers & Equipments*

柔美的粉黄色玫瑰、淡绿色欧洲荚蒾、干尤加利叶片
毛线、乌头麦鸡蛋、壁纸胶、温水、树脂玻璃碗

步骤 *How to make*

① 将尤加利叶片浸泡在温水中。
② 将壁纸胶涂抹在叶片上，然后将叶片粘贴到树脂玻璃碗外表面。
③ 在树脂玻璃碗里装满水，然后将欧洲荚蒾和玫瑰插放在碗里。
④ 最后，用毛线装饰玻璃碗的边沿。
⑤ 也可以在玫瑰和蛋壳的周围摆放一小圈毛线，为它们打造一个温馨的暖巢。

难度等级：★★☆☆☆

花朵绽放静物画

花艺设计 / 安尼克·梅尔藤斯

材料 *Flowers & Equipments*

李属植物开花枝条、花毛茛、经漂白处理的向日葵茎秆、细枝条、木制圆盘
胶枪、鹌鹑蛋、鲜花营养管

步骤 *How to make*

① 将长度相等的向日葵茎秆用胶水粘贴到木制圆盘上。
② 将细枝条缠绕在茎秆外。
③ 将鲜花营养管插入茎秆中,并注入水。
④ 插入鲜花。
⑤ 最后再点缀一些鹌鹑蛋碎壳。

难度等级：★★☆☆☆

非凡出众的
鲜花暖巢

花艺设计 / 安尼克·梅尔藤斯

> **材料** *Flowers & Equipments*
>
> 玫瑰、康乃馨、花毛茛、金槌花、澳洲米花
>
> 3块小圆饼形花泥、暗粉色丝质纸、带花泥塑料托盘、海草绳、毛线、薄椰壳片、缝衣针、胶枪

步骤 *How to make*

① 用暗粉色丝质纸将3块小圆饼形花泥包在一起，用缝衣针定位并固定。
② 制作好的圆柱体花泥块的周长应从上到下逐渐减少，这样就留出一些空间，可以沿托盘四周的边沿粘贴配材。
③ 将薄椰壳片用胶粘贴在托盘四周。
④ 把托盘放置在圆柱体花泥块上方。
⑤ 将海草绳环绕椰壳片放置，然后用缝衣针将绳子定位并固定在花泥上。
⑥ 最后再加入一圈毛线绳圈，花艺容器就制作好了。
⑦ 将鲜花插入花泥中。

难度等级：★★☆☆☆

藤条架构

花艺设计 / 安尼克·梅尔藤斯

步骤 *How to make*

① 将宽藤条剪成长度相同的小段，然后折成三角形。用U形钉将折好的三角形藤条连接在一起。
② 将这些串在一起的小三角形藤条搭放在拱形金属架上，用U形书钉将其与金属架连接并固定。
③ 将架构整体外形整理美观，然后将玻璃瓶和鲜花营养管绑扎并固定在金属架上，插入春季时令鲜花。

材料 *Flowers & Equipments*

纸花葱、堇菜
拱形金属架、宽藤条、U形钉、锥形玻璃瓶、锥形鲜花营养管

难度等级：★★☆☆☆

创意鹌鹑蛋花篮

花艺设计 / 安尼克·梅尔藤斯

材料 *Flowers & Equipments*

花格贝母、褐色桑树皮、鹌鹑蛋、鲜花营养管、胶枪、粗藤包铁丝

步骤 *How to make*

① 用胶枪将鹌鹑蛋粘在桑树皮上，需要布满整条桑树皮。
② 用粗藤包铁丝分别系在桑树皮两端，同时将几只鲜花营养管固定在铁丝上。
③ 将花格贝母插入营养管中。

材料 Flowers & Equipments
褐色剑麻
树脂玻璃碗、木工胶、粗铁丝、树皮条、鹌鹑蛋

难度等级：★★☆☆☆

剑麻花篮

花艺设计 / 安尼克·梅尔藤斯

步骤 How to make

① 将棕色剑麻铺在树脂玻璃碗上。
② 在剑麻上刷上木工胶，然后晾干。待完全干燥后，所需要的剑麻篮子就制作好了。
③ 最后，用粗铁丝和树皮条编制一条精致的小拉花，自然随意地搭放在篮子边沿。

难度等级：★★★☆☆

高高耸立的黄水仙

花艺设计 / 安尼克·梅尔藤斯

材料 Flowers & Equipments
盆栽黄水仙、钢草、竹环、细枝条、鹌鹑蛋、毛线、宽藤条、胶枪、桌花专用花泥托盘

步骤 How to make

① 将藤条摆放整齐，然后取一些细枝条，用胶粘直接粘在藤条的中间位置。
② 将托盘粘在藤条上，打造出让细枝条托住托盘的造型。
③ 将竹环粘在架构中最坚固的地方（即放置花泥托盘的位置），为加入其他花材提供辅助支撑。
④ 将钢草插入竹环内，然后随意弯折，同时将毛线在竹环间自由穿插。然后随意在竹环间粘上几个蛋壳。
⑤ 将盆栽黄水仙直接放入托盘里。

难度等级：★★★★☆

冲破桦树皮的蓝色葡萄风信子

花艺设计 / 汤姆·德·豪威尔

步骤 *How to make*

① 用线锯从泡沫塑料板上剪下 30cm×50cm 的一块板材，以及一块 10cm×50cm 的板材。
② 从硬纸板上剪下一块 50cm×50cm 的纸板，制作成方形基座，或者使用锯用薄木板加工出一块。
③ 用胶枪或硅胶将剪好的两片泡沫塑料板粘牢固定在方形底座上，留下一个 10cm 的缺口。
④ 将平整的桦树皮切成方形和长方形的小块。
⑤ 用黑色的定位针将剪下的小块桦树皮分别固定在泡沫塑料板的两侧和顶部。
⑥ 在留出的缺口/凹槽的上方，将长方形的桦树皮一层高过一层地叠放。确保每个小块之间叠压均匀，这样打造出来的向上造型既美观又精致。
⑦ 将一些鹌鹑蛋和鸡蛋喷涂成蓝色。
　　小贴士：在给蛋壳喷漆涂色的时候，可以在蛋壳上凿一个小孔，然后将一根小木签插入孔中，这样喷上漆的蛋壳表面更容易被晾干。
⑧ 也可以在挤压向上的桦树皮上喷上一层漆。让颜色慢慢消褪即可。
⑨ 把挤压向上的树皮拉开，将一盆盆葡萄风信子塞入打开的空间中。
⑩ 用胶枪将涂好颜色的蛋壳粘牢在树皮上。另外，也可以在容器旁边放上几枚蛋壳，这样可以将容器装饰得更加漂亮。

材料 *Flowers & Equipments*

蓝色葡萄风信子、桦树皮
鹌鹑蛋、鸡蛋、5cm厚的泡沫塑料板、胶枪、黑色定位针、淡蓝色喷漆、花艺用木签、结实的厚纸板或薄木板

难度等级：★★☆☆☆

芳香怡人的小苍兰

花艺设计 / 汤姆·德·豪威尔

步骤 *How to make*

① 用一把锋利的小刀，把聚苯乙烯树脂球的边缘刮平整。
② 用水性颜料将球体表面涂成褐色。
　小贴士： 不要将颜料涂沫在小球体的外表面以及大球体的内表面。因为最后要插放鲜花，所以球体的这个部位需要接触到水。
③ 将胶水喷在聚苯乙烯大球体的外表面以及边沿，并将其放入完全干燥的泥炭中。
　注意： 泥炭必须是完全干燥的。
④ 轻轻抖动，将覆盖在球体表面泥炭松散开，重复这个步骤。
⑤ 重复第三步和第四步，对聚苯乙烯小球体进行操作，但是注意，是对小球体的内部和边沿进行此操作。
⑥ 将小球放入大球中，让小球接触到大球边沿的一侧，确保两只球体的边沿等高。这样，在两只半球体之间就形成了一个不对称的开放空间。
⑦ 两只半球体的位置确定后，在球体边沿的顶端插上8根小木签来定位。根据需要可以涂上胶水和泥炭，将木签遮掩起来。
⑧ 将水注入两只半球体之间的空间。
⑨ 将鲜花和螺旋形的柳枝插放在水中。
⑩ 由于空间不对称，球体有可能会倾斜。因此，可以用一根漂亮的小树枝将球体固定住。

难度等级：★★★★☆

色彩和谐的橱柜装饰

花艺设计 / 汤姆·德·豪威尔

材料 Flowers & Equipments

花毛茛、欧洲荚蒾、丝苇仙人掌、竹环
2块混凝土砖块，每块上面带有一个直径为5mm的孔洞、钢丝、卷状铁丝、毛线、鲜花营养管

步骤 How to make

① 用卷状铁丝将钢丝绑在竹环上。
　小贴士：根据需要，用胶枪将竹环与钢丝的位置固定好，这样它们就不会滑动移位。
② 用胶带分别将两根钢丝的末端在汇集处绑在一起。
③ 用毛线将架构包裹起来。
④ 将钢丝的末端向后折叠，然后插入混凝土方砖上的孔洞中。
⑤ 剪下几缕丝苇仙人掌的卷须，并搭放在架构上，任其自然垂下。
⑥ 在毛线之间插放一些鲜花营养管。
⑦ 将水管中注入水并插入鲜花。

难度等级：★☆☆☆☆

华丽壮观的花束

花艺设计 / 汤姆·德·豪威尔

材料 *Flowers & Equipments*

万带兰、不同颜色的花毛茛、欧洲荚蒾

锥形玻璃鲜花营养管、金属丝、不同颜色的毛线、花艺专用胶带、混凝土砖块、订书器、胶枪

步骤 *How to make*

① 用透明胶带将3根细而坚固的金属丝粘在鲜花营养管的侧面。在位于营养管底部下方的位置将3根金属丝聚拢在一起。同时要确保这3根金属丝均匀分布在营养管的侧面。根据需要，按上述步骤制作一定数量的带有金属丝的水管。
② 接下来用毛线将制作好的鲜花营养管包裹起来。用胶枪粘牢固定。
③ 将这些用毛线包裹好的营养管聚拢在一起，捆扎成一束锥形的大花束，同样将底端的金属丝聚拢在一起包裹好。注意，可以允许一些金属丝从底端露出来。不用将它们包裹起来，以便可以将这些金属丝直接插入混凝土砖块上的孔洞中。
④ 将制作好的玻璃管束插入混凝土砖块上孔洞中。
⑤ 将水注入玻璃营养管中，然后就可以插放鲜花了。

难度等级：★★☆☆☆

优美的花毛茛环绕中的品质春巢

花艺设计/汤姆·德·豪威尔

材料 *Flowers & Equipments*

枯木盆景、荷叶、绿黄色花毛茛、重瓣花毛茛、翠绿色的冰岛苔藓
翠绿色和黄色的毛毡线、鹅蛋、玻璃鲜花营养管、塑料鲜花营养管、胶枪

步骤 *How to make*

① 将绿色和黄色毛毡线系在枯木盆景的树枝上,任其悬挂在枝条间,自然优雅地飘荡。
② 将玻璃鲜花营养管系在毛毡线上。
③ 去掉荷叶中较硬的叶脉部分,选择一个较平整的平面,这样可以将其刚好放置在花盆底部。
④ 依次放入荷叶,用荷叶将塑料花盆的四周围起来,然后用胶枪将荷叶粘牢。
⑤ 用两种不同颜色的毛毡线将围着荷叶的花盆缠绕起来,可以多绕几圈。
⑥ 在盆土中铺上翠绿色的苔藓,打造出大地一片苍翠的景象。
⑦ 在枯木盆景的树冠间放入鹅蛋,并粘牢固定(用胶枪粘住)。
⑧ 在盆土中插入几支塑料鲜花营养管。
⑨ 所有的水管都注入水,然后将花毛茛鲜花插入水中。

难度等级：★☆☆☆☆

破碎的彩蛋

花艺设计 / 汤姆·德·豪威尔

材料 Flowers & Equipments

白色花毛茛、须苞石竹、淡黄绿色玫瑰、乳白色多头玫瑰
2个半蛋形聚苯乙烯块、5cm厚的绝缘板、线锯、褐色手工纸、小号U形钉、长U形钉、喷胶、鹌鹑蛋、鸡蛋、鹅蛋、花泥、胶枪

步骤 *How to make*

① 用线锯从绝缘泡沫板上切割下一块圆形板材作为基座。
② 用喷胶将手工纸粘在基座上。
  小贴士：也可以用水性涂料将基座涂成褐色。
③ 可根据需要用手工纸将半蛋形聚苯乙烯块的外表面覆盖。
④ 在装饰好的基座表面，以及蛋形聚苯乙烯块的表面涂上薄薄一层黏土，厚度大约为5mm。
⑤ 将U形钉随意插入绝缘板以及蛋形块上的黏土层中。黏土在干燥的过程中会收缩和开裂。这些插入的U形钉可有效防止黏土层脱落。
  小贴士：如果黏土层在干燥后出现小块粘土脱落的现象，可以等它完全干透后用胶枪将脱落的小块重新粘上。
⑥ 在黏土层干透前，将制作好的蛋形容器放置在圆形基座上。
⑦ 用几个大号的U形钉从蛋形容器内部将蛋牢牢地钉在基座上。
  小贴士：无论是小号U形钉还是大号U形钉——都要注意将其隐藏起来——可以用一点黏土将其遮盖。
⑧ 在蛋形容器内部铺上一层塑料薄膜，然后将浸泡湿润的花泥放在里面。
⑨ 将花毛茛、须苞石竹、淡黄绿色玫瑰以及乳白色多头玫瑰成组插入花泥中（具体式样请参见图片）。
⑩ 最后，用胶枪将不同品种的蛋粘牢在基座上。
  小贴士：用黏土制作此架构时，当黏土还是软的，没有干燥变硬前，可以用一只小藤球在黏土层表面滚动。粘土"干燥后"产生的裂缝肯定会让绝缘泡沫板基座原本的白色显露出来。所以可以挑选几只蛋不染色，让它们保留原本的白色。这样它们放置在基座上后可与白色的花朵搭配得相得益彰。

如花般的春日画卷

难度等级：★★☆☆☆

花艺设计／汤姆·德·豪威尔

步骤 How to make

① 用线锯分别切割出两块泡沫板，一块为 25cm×100cm，另一块为 50cm×100cm。
② 用锯将一块薄木板加工成一个 100cm×100cm 的方形木制基座。
③ 用胶枪或硅胶将切好的两片绝缘泡沫板固定在方形基座上，中间留出宽 25cm 的空间。
④ 将扁平的桦树皮切割成正方形和长方形的小块。
⑤ 将这些小块桦树皮用锤子和黑色的定位针钉在绝缘泡沫板上。
⑥ 中间留出的空间下部也需要用桦树皮覆盖，可以用胶枪粘牢。
⑦ 用胶枪将所有材料粘在凹槽中，如鹅蛋、大片苞叶、单头玫瑰以及法国梧桐果。

小贴士：复活节过后，可以用一些白玫瑰花朵或法国梧桐果将鹅蛋替换掉。

材料 Flowers & Equipments

桦树皮、白色手掌大小的苞叶、白色的法国梧桐果实、白色单头玫瑰
6cm 厚的绝缘泡沫塑料板、胶枪、黑色定位针、薄木板、鹅蛋

难度等级：★★★★★

鲜花台架

花艺设计 / 汤姆·德·豪威尔

材料 Flowers & Equipments
淡绿色欧洲荚蒾、花毛茛、银莲花
毛线、空啤酒瓶、双面胶、胶枪

步骤 How to make

① 将4根金属棒焊接在金属底座上。制作时应确保位于中间的金属棒最长。因为这根金属棒将成为整个架构的中心，起到支撑作用。其余几根金属棒应长短不一，放置得错落有致。外侧3根金属棒顶部各应配置一个金属圆盘，这个圆盘也要同时焊接在金属棒顶。

② 将金属棒用毛线缠绕。线头和线尾只需用胶枪固定即可。

③ 啤酒瓶应事先清洗干净，然后将双面胶粘贴在瓶体外侧。

④ 现在将啤酒瓶用白色毛线完全缠绕包裹。

⑤ 位于中心的金属棒高度略微突出一些，同样将其用毛线缠绕好，作为架构整体的中心支撑。用胶枪将这3只啤酒瓶粘贴在位于中心的金属棒上，同时它们也被固定在事先焊接在金属棒顶部的圆盘上。长时间用力按压，直到胶水粘贴得牢固坚硬。确保外观看不到胶水的痕迹。

⑥ 然后用胶将其他的啤酒瓶与这3个基础啤酒瓶粘贴在一起，高低错落，确保每只瓶子都有两个侧面分别与两只瓶子相粘贴。这样可以确保瓶子架构具有更好的稳定性。

⑦ 在瓶子中放入水并插入欧洲荚蒾、花毛茛以及银莲花。

难度等级：★★★☆☆

漂浮的蛋

花艺设计 / 汤姆·德·豪威尔

材料 *Flowers & Equipments*

淡绿色欧洲荚蒾、花毛茛
胶枪或硅胶、彩色细砂、矩形碗形容器、鹅蛋

步骤 *How to make*

① 将鹅蛋放在平整的表面上，用少量胶水点在蛋与蛋之间相接触的地方，将它们粘贴在一起。

注意：在使用胶枪粘接鹅蛋时，由于鹅蛋的构造会受到其湿度和水分的影响，所以极易破碎。这种方式能够将鹅蛋快速粘接在一起，但持续时间有限。仅能持续几天。

小贴士：如果你想让这些鹅蛋粘接在一起更持久，建议使用硅胶。可以让其更牢固。缺点：可能需要更多的时间才能粘接牢固。

② 将碗形容器中放入水以及彩色细沙。

③ 将制作好的蛋形架构放置在容器顶部。

④ 将花茎剪切至适宜的长度，然后从蛋与蛋之间的空隙处插入水中。

难度等级：★★★☆☆

有机植物垫

花艺设计 / 汤姆·德·豪威尔

材料 *Flowers & Equipments*
蘑菇条、淡绿色欧洲荚蒾、花毛茛、金槌花
胶枪、鸵鸟蛋、花泥、垫子

步骤 *How to make*

① 用泡沫布或塑料布将靠垫包好，以免受损。
② 用胶枪将伞菌条粘贴在靠垫表面。
③ 取一段花艺专用铁丝，打一个结。在靠垫上选取准备放置鸵鸟蛋的位置，将铁丝刺入，并穿透靠垫。用力拉拽铁丝，直到靠垫出现凹痕。继续拉铁丝，同样在靠垫下方将铁丝打一个结。
④ 在鸵鸟蛋壳中放入湿润的花泥，然后放在靠垫上的凹陷处。
⑤ 将欧洲荚蒾、花毛茛以及金槌花插入花泥中。
⑥ 用胶将一些金槌花的小花球粘贴在靠垫上方的蛋壳底部。

难度等级：★★☆☆☆

用花毛茛装饰的菌菇花瓶

花艺设计 / 汤姆·德·豪威尔

材料 *Flowers & Equipments*
花毛茛、蘑菇条
花泥、胶枪、椰子壳

步骤 *How to make*

① 将伞菌条粘贴在椰子壳的底部，并确保它们足够长，能够遮盖住椰壳的边沿。可以用胶枪粘贴。
② 同样，将伞菌条粘贴在坚硬的椰子壳的顶部，并将从底部延伸出的伞菌条与顶部延伸出的条粘贴在一起。
③ 将湿润的花泥放入椰壳中，并让其略微延伸出壳体边沿。
④ 将花毛茛插入花泥中。

难度等级：★☆☆☆☆

裹在羊毛外套里的春光

花艺设计 / 汤姆·德·豪威尔

> **材料** *Flowers & Equipments*
> 郁金香、花毛茛、玫瑰、椰子
> 鹌鹑蛋、蛋糕形花泥、褐色毛毡

步骤 *How to make*

① 用塑料膜将花泥覆盖并用胶带缠绕包好。花泥顶部不要覆盖塑料膜。
② 将毛毡围在花泥的侧面，连续围 3~4 层。用胶枪将毛毡粘牢。
③ 在毛毡顶部选取不同的点拉拽几下，形成波浪起伏的效果。
④ 将郁金香、花毛茛和多头玫瑰插入花泥中。
⑤ 用胶枪将几个小鹌鹑蛋粘贴在花朵之间的毛毡上，应使用冷固胶。
⑥ 最后，在蛋糕块四周围上两圈椰子树叶，整件作品完成。

难度等级：★★☆☆☆

奇特的鸟巢

花艺设计 / 汤姆·德·豪威尔

材料 *Flowers & Equipments*

花毛茛
木块、胶枪、钢丝、毛线、鸡蛋、电钻

步骤 *How to make*

① 用电钻在木块上钻几个孔。
② 用手将毛线缠绕在钢丝上，或是用无线电钻来完成。
③ 将缠有毛线的钢丝插入木块上的小孔中。
④ 将所有钢丝聚拢在一起，然后将它们同时绕着你的手和手臂旋转扭曲，以获得理想的形状。然后根据需要调整一下外形。
⑤ 将几只鸡蛋打开，然后将蛋壳放置在制作好的钢丝架构上，并在蛋中放上水。
⑥ 将花毛茛花朵放入蛋壳中。

难度等级：★★☆☆☆

迎春

花艺设计 / 汤姆·德·豪威尔

材料 Flowers & Equipments
苔藓、李属植物开花枝条、花毛茛、玫瑰、郁金香
蛋糕形花泥、毛毡、塑料薄膜、彩蛋、铁艺鸟笼

步骤 How to make

① 用塑料薄膜将圆形蛋糕状花泥的底部和侧面包好，然后在塑料薄膜外面覆盖粘贴上毛毡条，根据需要用胶水粘牢固定。
② 将苔藓放在花泥块顶部。
③ 打开铁艺鸟笼，将花泥放入笼子中间。
④ 将花枝以及鲜花自然、随意地插入花泥中。
⑤ 最后，再铺上一层苔藓，并放入几只彩蛋，作品完成。

难度等级：★☆☆☆☆

花丛中享用餐前酒

花艺设计 / 汤姆·德·豪威尔

材料 Flowers & Equipments
花毛茛、非洲菊、淡绿色欧洲荚蒾、嘉兰
鹌鹑蛋、鲜花营养管、托盘、锯屑压制成的圆柱体

步骤 How to make

① 将锯屑圆柱块整齐码放在托盘里。
② 将鲜花营养管放置在圆柱块之间的空隙处，注入水。
③ 把嘉兰、非洲菊、欧洲荚蒾以及花毛茛插入营养管中。
④ 最后，在空隙处放上几颗鹌鹑蛋。

难度等级：★★★☆☆

白色桑巢中的黄色春天

花艺设计 / 汤姆·德·豪威尔

材料 *Flowers & Equipments*

玫瑰、黄水仙、风信子、白色桑皮纤维

细铁丝网、鸵鸟蛋、胶枪、剪刀、花艺刀、花泥

步骤 *How to make*

① 将桑皮纤维切成或撕成小块。

② 将这些小碎块拢成小花簇，穿入细铁丝网上的孔洞中。不必将每个孔洞都塞入小花簇，只要将细铁丝网装饰漂亮即可。

③ 用热熔胶将填入的小花簇与细铁丝网粘在一起。

④ 当铁丝网被这些小花簇装饰一番后，就可以将它塑造成想要的鸟巢状了。

⑤ 将空的鸵鸟蛋壳中放入花泥，然后插入鲜花。

⑥ 然后将蛋壳整体放入桑皮鸟巢中。

难度等级：★☆☆☆☆

装饰用鲜花手袋

花艺设计 / 汤姆·德·豪威尔

材料 Flowers & Equipments

淡绿色欧洲荚蒾、非洲菊、簇状花瓣玫瑰、花毛茛
花泥、塑料薄膜、钉枪、双色渐变色调的毛毡、粗藤包铁丝

步骤 How to make

① 将花泥切成顶部横截面为正方形的花泥块。每块花泥块的高度相同。
② 用塑料薄膜将花泥块底层和四周包裹起来，用胶带粘牢固定，花泥块的顶层不要包裹塑料膜。
③ 取两块大小相同、长度适宜的毛毡，将它们成十字形搭放在一起。
④ 将毛毡条向上折叠，用U形钉将四边的接缝钉合在一起，直至花泥的顶部，形成一个上部敞口的毛毡袋。
⑤ 取一段粗藤包铁丝，系在毛毡袋的颈部，上部敞口处要留出足够的空间来插花。
⑥ 将鲜花直接插入毛毡袋里的花泥中。欧洲荚蒾应先插入锥形鲜花营养管中，然后将营养管直接插入花泥。

难度等级：★★★☆☆

彩蛋树

花艺设计 / 汤姆·德·豪威尔

材料 Flowers & Equipments
涂刷了白粉的葡萄藤、涂刷了白粉的糖棕圈、花毛茛
鹅蛋、染成白色和粉色的鸡蛋、鸭鹑蛋、射钉枪、胶枪、鲜花营养管、绑扎线

步骤 How to make

① 用射钉枪将糖棕圈固定在葡萄藤上。
② 用胶枪将鹅蛋和鹌鹑蛋粘在适宜的位置。
③ 在糖棕圈之间的空隙处塞入几只鲜花营养管，根据需要可使用绑扎线将其固定。
④ 在营养管中注入水，然后插入花毛茛。

难度等级：★☆☆☆☆

复活节花环

花艺设计 / 汤姆·德·豪威尔

材料 Flowers & Equipments
蟠曲的垂柳枝条、玫瑰、花毛茛、
须苞石竹、康乃馨
环状花泥、铁丝或定位针

步骤 How to make

① 将柳条切成小段，然后将枝条一端等距离均匀地插入环状花泥的外圈。
② 将柳条弯折，另一端插入环状花泥的内侧。用铁丝或定位针固定。
③ 将花毛茛、玫瑰、康乃馨以及须苞石竹插满整个花环。

P.170

菲利浦·巴斯
Philippe Bas

info@philippebas.be

比利时花艺设计师，他和妻子在哈瑟尔特（比利时）经营一家花店和花艺工作室。他还是 2011 年比利时国际花展"庭院"项目的设计师。2014 年，他在日本花园举办了一场精彩的菊花展。

乔里斯·德·凯格尔
Joris De Kegel

joris.dekegel@meander.be

　　乔里斯·德·凯格尔（Joris De Kegel）是70后比利时花艺设计师，在根特高中学习花园和景观设计，后来转型成为了一名花艺设计师。
　　乔里斯不受趋势的波动影响，会跟随自己的内心创作作品。他的灵感来自随季节不断变化的色彩和花朵，以及古代和现代艺术。20年来，他在布鲁塞尔以北约25km的家乡莱德（Lede）经营着一家花店。他也经常应邀列席花艺比赛的评审团成员。

难度等级：★ ★ ☆ ☆ ☆

春风暖入心田

花艺设计 / 菲利浦·巴斯

材料 Flowers & Equipments

山毛榉枝条、混色郁金香、橙色和黄色花毛茛、淡绿色欧洲荚蒾、柔毛羽衣草

木制圆盘、带有多个支腿的铁艺支架、藤包铁丝、花泥盒

步骤 How to make

① 用藤包铁丝将支架的支腿缠绕包裹。
② 在木制圆盘上钻几个洞，然后插入铁制支腿，随后，这些支腿会在顶部相互连接在一起。
③ 接下来在这些支腿的顶部焊接一个铁三角，以便放置塑料托盘和花泥。花泥应比塑料托盘高几厘米，这样才能真正将花材插入花泥中。
④ 首先插入所有的郁金香，然后再插入花毛茛，接下来插欧洲荚蒾和柔毛羽衣草。后两种花材插入后，枝条的长度要比其他花材略长一些。
⑤ 最后，在各色花材之间加入山毛榉枝条。

难度等级：★★☆☆☆

透明的彩蛋

花艺设计 / 菲利浦·巴斯

材料 *Flowers & Equipments*

欧洲山毛榉枝条、金槌花、黄色万带兰、淡绿色欧洲荚蒾、柔毛羽衣草、黄色嘉兰、白发藓
铁制底座、蛋形聚苯乙烯块、棕褐色毛毡、鲜花营养管、棕褐色胶带

步骤 *How to make*

① 将蛋形聚苯乙烯泡沫塑料块用胶粘在支架上。
② 用棕褐色毛毡条将泡沫塑料块表面缠绕包裹。
③ 将欧洲山毛榉树枝成对角斜放在蛋形块表面，用棕褐色胶带将鲜花营养管缠绕包裹。
④ 将万带兰以及其他鲜花插入营养管中。用胶水将金槌花粘贴在摆放好的花材之间。
⑤ 在底座上放置两团白发藓。

难度等级：★☆☆☆☆

鲜花爱巢

花艺设计 / 菲利浦·巴斯

材料 *Flowers & Equipments*

白桦木木板、黄色花毛茛、须苞石竹、白色香豌豆、黄色嘉兰、黄色万带兰、金槌花

铁制底座、鸵鸟蛋、染成黄色的鹌鹑蛋、花泥盒

步骤 *How to make*

① 将鸵鸟蛋蛋壳顶部切开。
② 将白桦木木板粘在架子上，然后将蛋壳粘在木板上。
③ 在蛋壳中塞入花泥。
④ 先将一些须苞石竹沿蛋壳四周插入花泥，高度宜稍高于蛋壳，然后再插入花毛茛。将香豌豆插入在一侧，另一侧插入金槌花、万带兰和嘉兰。
⑤ 最后点缀上几颗黄色鹌鹑蛋，将它们直接粘在木板上。

难度等级：★★★★☆

深深浅浅的粉色

花艺设计 / 菲利浦·巴斯

材料 *Flowers & Equipments*

木兰枝条、桦树皮、棕褐色干燥圆叶尤加利、粉色铁线莲、粉色花毛茛、粉色香豌豆、须苞石竹、花格贝母、粉色风铃草

铁艺底座、聚苯乙烯泡沫塑料花环、4个小号花泥碟

步骤 *How to make*

① 将4个花泥碟粘在铁艺底座的中间，均匀分布。
② 将聚苯乙烯泡沫塑料花环切成两段，然后根据花泥碟的大小将其裁切合适，分别粘贴在花泥碟的两侧。
③ 用胶水将小片桦树皮粘贴在泡沫塑料及花泥碟的两侧，使其成为一个整体。然后在顶部粘贴上棕褐色干燥圆叶尤加利。
④ 首先插入花毛茛和须苞石竹作为衬底。接下来将铁线莲和香豌豆插在两侧，然后将风铃草插在中间。
⑤ 最后，将木兰枝条插在靠近两端的位置。

难度等级：★☆☆☆☆

色彩斑斓的标识

花艺设计 / 菲利浦·巴斯

材料 *Flowers & Equipments*
混色郁金香、葡萄风信子、勿忘我、蓝莓树枝条、柔毛羽衣草、花毛茛
不同高度的玻璃花瓶、彩色柳条

步骤 *How to make*

① 用胶水将各色柳条粘在容器底部，营造出色彩斑斓的春日氛围。
② 用各色花朵和花蕾制作传统古典的比德迈尔式圆形花束。
③ 最后用蓝莓树枝条点缀在花束外围。

难度等级：★★★☆☆

花柄

花艺设计 / 菲利浦·巴斯

材料 *Flowers & Equipments*

欧洲山毛榉枝条、重瓣郁金香、花格贝母、柔毛羽衣草、粉色铁线莲、白发藓
中空的树干、铁艺支架、维拉花艺瓶（带有干花泥的花瓶）

步骤 *How to make*

① 将一块木桩固定在铁艺支架上。
② 将用于桌面花艺的维拉花艺瓶按照"之"字形摆放在树桩内呈曲线形的空间里。选用3种不同高度的维拉瓶，这样可呈现出高低错落有致的效果。
③ 首先放入郁金香，应顺着郁金香花枝的姿势将其摆放自然。然后加入花格贝母和铁线莲。在花枝的周围应留出一点空间。
④ 铺上一些柔毛羽衣草和白发藓，将维拉瓶遮盖起来。
⑤ 最后的点睛之笔，在作品整体上方添加一根长长的欧洲山毛榉枝条。

难度等级：★☆☆☆☆

春色满园

花艺设计 / 乔里斯·德·凯格尔

材料 Flowers & Equipments
山茱萸枝条、白色玫瑰、白色非洲菊、白色小菊、虎眼万年青、大阿米芹
带有金属支架的花瓶

步骤 *How to make*

① 把山茱萸枝条剪短，插放在花瓶与金属支撑框架之间的位置。
② 将各式花材松散、随意地插放在花瓶中。

材料 Flowers & Equipments
各种颜色的花毛茛
鹌鹑蛋、鸡蛋、棕褐色胶水的胶枪、细铁丝网、木棍、褐色拉菲草

难度等级：★★★☆☆

花毛茛的爱巢

花艺设计 / 乔里斯·德·凯格尔

步骤 *How to make*

① 将细铁丝网弯折成鸟巢形状，然后固定在木棍上。
② 将花泥放在鸟巢中间。
③ 用褐色拉菲草将木棍和鸟巢缠绕包裹。
④ 将棕褐色的胶水滴在鸟巢上。
⑤ 将花毛茛直接插入花泥中，并将鸡蛋和鹌鹑蛋粘在花丛中间。

难度等级：★★★☆☆

自制桌花

花艺设计 / 乔里斯·德·凯格尔

材料 Flowers & Equipments
拉菲草、花毛茛、常春藤枝条
2个金属框架、鲜花营养管、卷轴铁丝

步骤 How to make

① 用拉菲草缠绕金属框架，并将2个框架连接在一起。
② 用卷轴铁丝将鲜花营养管固定在框架上。
③ 将花毛茛插入营养管中，最后放上常春藤枝条。

难度等级：★★☆☆☆

月宫珍藏

花艺设计 / 乔里斯·德·凯格尔

步骤 *How to make*

① 将铁丝弯成圆形，然后用拉菲草缠绕包裹。
② 将制作好的铁圈固定在金属支架上。然后用铁丝将树枝与铁圈及支架固定在一起。
③ 用绑扎铁丝将树皮条捆绑在一起，制作成一个圆盘，然后将放有花泥的托盘直接放在树皮圆盘上。树皮圆盘放在铁圈底部。
④ 将花毛茛直接插入花泥，最后，加入一些空气凤梨作为装饰。

材料 Flowers & Equipments

树枝、花毛茛、空气凤梨、树皮条、拉菲草
金属支架、绑扎铁丝、花泥、托盘、铁丝

材料 Flowers & Equipments
大花蕙兰、拉菲草
带底座的球形落地灯具（铁艺圆环灯具）、铁丝、胶枪、鲜花营养管、蝴蝶形装饰品

难度等级: ★★☆☆☆

馨兰满树

花艺设计 / 乔里斯·德·凯格尔

步骤 *How to make*

① 将球形灯架抬升至所需高度。
② 用拉菲草缠绕包裹在灯架四周,根据需要用铁丝绑扎固定。
③ 将蝴蝶形装饰品用胶粘贴在灯架上。
④ 将大花蕙兰花朵插入鲜花营养管中,然后将小水管插放在小蝴蝶中间。

难度等级：★☆☆☆☆

棕榈叶上

花艺设计 / 乔里斯·德·凯格尔

> **材料** Flowers & Equipments
> 花毛茛、桦木片、棕榈树的棕苞壳、树皮条
> 鲜花营养管、胶枪

步骤 *How to make*

① 用胶水将桦木片粘在棕榈树的棕苞壳内，然后将鲜花营养管固定在桦木片之间。
② 用树皮条在棕苞壳托盘外缠绕几圈。
③ 将花毛莨插入鲜花营养管中。

难度等级：★☆☆☆☆

秀色可餐

花艺设计 / 乔里斯·德·凯格尔

材料 Flowers & Equipments
象橘、空气凤梨、玫红色非洲菊
托盘、鲜花营养管、胶枪

步骤 How to make

① 用胶水将象橘沿一侧粘在托盘里。
② 将鲜花营养管用胶粘在象橘果之间，可以将几只小水管粘在象橘果里。
③ 在象橘果之间或象橘果内直接放入空气凤梨，将非洲菊花枝插入鲜花营养管中。

难度等级：★★☆☆☆

迷你花园

花艺设计 / 乔里斯·德·凯格尔

材料 *Flowers & Equipments*

一叶兰、万带兰、大花蕙兰、花毛茛、须苞石竹
4个玻璃容器、锥形鲜花营养管、原木色纤维、花泥、蛋、鹅卵石

步骤 *How to make*

① 在容器底部铺一层小石子。
② 用一叶兰叶片将浸湿后的花泥包裹。
③ 将花毛茛直接插入花泥中，兰花插入鲜花营养管中，然后直接将营养管插入花泥。
④ 最后放入各种类型的蛋作为装饰物，并用原木色纤维点缀其间。

难度等级：★★☆☆☆

在风中

花艺设计 / 乔里斯·德·凯格尔

材料 Flowers & Equipments
梓木枝条、虎眼万年青、玫红色非洲菊、大阿米芹、大花蕙兰
木框架、绑扎铁丝、鲜花营养管

步骤 How to make

① 将梓木树枝用绑扎铁丝绑在木框内。
② 将鲜花营养管高低错落地放置在树枝之间，并绑扎固定。
③ 根据花材的品种分类、分层插入位于树枝间的营养管中。